DÉPARTEMENT DES BASSES-PYRÉNÉES.

VILLE DE BAYONNE.

FONTAINES.

ALIMENTATION

DIRECTE

PAR DES EAUX DE SOURCES.

AVANT-PROJET

BAYONNE,
IMPRIMERIE DE V.ᵉ LAMAIGNÈRE, RUE PONT-MAYOU, 39.

1859.

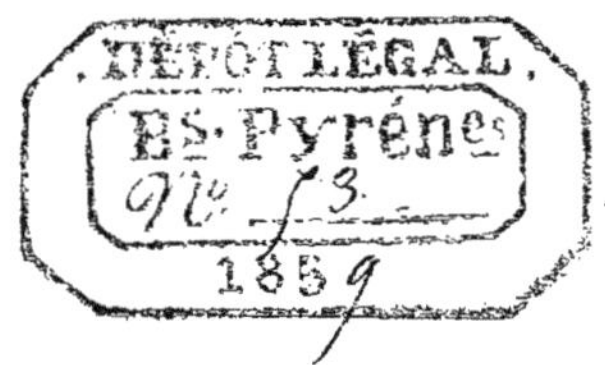

DÉPARTEMENT DES BASSES - PYRÉNÉES.

VILLE DE BAYONNE.

M. BOURA, Ingénieur des Ponts et Chaussées.

FONTAINES DE BAYONNE.

ALIMENTATION DIRECTE
PAR DES EAUX DE SOURCES.

AVANT - PROJET.

Exposé de la Question.

La Ville de Bayonne est dotée, depuis 1840, d'un système de distribution d'eau qui consiste à élever, à l'aide d'une machine à vapeur, les eaux de quatre sources qui jaillissent au pied des coteaux de la rive gauche de la Nive.

Ces eaux, amenées dans un réservoir aux abords de la porte d'Espagne, se distribuent dans les différents quartiers de la Ville à l'aide d'une canalisation en fonte et s'écoulent par des orifices à écoulement constant, ou par des bornes-fontaines à repoussoir.

1859

Les dépenses complètes d'installation du système que nous venons de décrire se sont élevées à la somme de.................................... 150,396ᶠ 23ᶜ ainsi réparties :

Travaux d'appropriation des sources des *Agots*, *Dussarail*, *Fourcade* et *St-Léon* 10,853ᶠ 90ᶜ
Machine élévatoire y compris les bâtiments (maximum) .... 36,767 18 } 47,621ᶠ 08ᶜ

Réservoir du rempart *St-Léon (porte d'Espagne)*............ 17,469 36
Distribution d'eau en Ville.............. 85,305 79

Тotaᴌ............. 150,396ᶠ 23ᶜ

Les dépenses d'entretien s'élèvent annuellement à la somme de...................... 8,500ᶠ »ᶜ y compris les grosses réparations qu'il est nécessaire de faire tous les cinq ou six ans.

Ces dépenses se répartissent ainsi :

Traitements du fontainier et du chauffeur {Fontainier 1,200ᶠ Chauffeur. 540} 1,740ᶠ »ᶜ

Charbon, moyennement................. 3,000 »
Billes de pin, 4,000, à 10 fr. le %.... 400 »
Eclairage et Graissage................. 600 »
Entretien ordinaire de l'Usine et de ses bâtiments .... 935 »
Entretien des Conduites, en Ville..... 1,325 »
Les grosses réparations peuvent être représentées par une annuité de........ 500 »

Тotaᴌ............. 8,500ᶠ »ᶜ

La dépense relative à l'Usine à Vapeur propre-

ment dite est de...................... 5,975ᶠ »ᶜ
(non compris le traitement du fontainier).

La Ville a donc immobilisé un capital de........................... 150,396ᶠ 23ᶜ
auquel il convient d'ajouter, comme capital d'exploitation, à raison d'un intérêt à 5 %...................... 170,000 »

Les sommes engagées dans l'alimentation hydraulique de la Ville sont donc,
au total, de.................... 320,396ᶠ 23ᶜ
dont on peut déduire comme partie af-
férente à l'établissement et à l'entretien
de la machine élévatoire une dépense

$$\text{de} \left\{ \begin{array}{l} 47,621^f\ 08^c\ \text{étab}^t \\ 119,500\text{»}\ (1)\ \text{entr.} \end{array} \right\} \quad \ldots\ldots\ldots\ldots\ 167,121^f\ 08^c$$

Les résultats obtenus consistent, d'après un jaugeage fait au réservoir des sources Saint-Léon, le
28 Novembre 1858, à fournir à la Ville de Bayonne,
par minute :

Une quantité d'eau de.   164 litres.
soit, par heure, de...   9,840 —
ou, par jour, de.....   236,140 —

Si nous répartissons ce volume sur une population de 19,000 habitants, comprenant toute la population de la rive gauche de l'Adour, nous arrivons à
une consommation de 12 litres 50 par habitant et
par jour.

Quand Paris consomme.......   69 litres.
Toulouse.................   80 —
Londres..................   112 —
Lyon....................   145 —

---

(1) Capital dont 5,975 fr. est l'intérêt annuel.

Marseille...................., 470 litres.
Besançon...................., 530 —
Rome (1)...................., 1,105 —

Quoique la marée lave chaque jour les égouts de la Ville basse, il ressort des chiffres cités plus haut que Bayonne est loin de voir couler dans ses rues l'eau nécessaire à la salubrité publique.

En 1858, les eaux ont manqué aux besoins des particuliers en certains points de la Ville haute, et l'on fut obligé de condamner les fontaines à écoulement continu.

Un pareil état de choses ne peut durer qu'autant qu'on y est contraint par des difficultés d'alimentation hors de proportion avec les ressources de la Ville.

Ce n'est pas le cas pour Bayonne.

Nous allons rechercher quels seraient les moyens qu'il conviendrait d'adopter pour arriver à obtenir une amélioration de l'état de choses existant.

Si nous prouvons qu'on peut doubler, au minimum, le volume des eaux, et peut-être le quadrupler, notre proposition méritera certainememt un examen sérieux.

Si, allant plus loin, nous prouvons que cette amélioration considérable peut se faire au moyen d'une économie notable sur les capitaux engagés par la Ville dans l'alimentation hydraulique tout à fait insuffisante qui existe aujourd'hui, la ville décidera, sans doute, que plus la réalisation de notre projet sera

____

(1) Rome ancienne, d'après un rapport récent de M. Rozat de Mandres, ingénieur des ponts et chaussées, disposait de 1,500 litres d'eau par habitant, en lui supposant un million d'habitants.

prompte, plus y gagneront à la fois et les intérêts généraux et les intérêts particuliers.

La question est grave, assurément, puisqu'il ne s'agit de rien moins que de détruire une portion de ce qui est pour y substituer du nouveau.

Aussi avons-nous voulu promettre beaucoup, mais à la condition de pouvoir tenir encore davantage; il nous sera facile de le prouver tout à l'heure.

Nous établirons, dans un premier chapitre, quels étaient les moyens naturels qui s'offraient pour une alimentation directe à l'aide de sources jaillissantes connues, les dépenses que ces travaux auraient exigées, les résultats qu'on aurait pu obtenir. La Ville saura quelles sont les ressources qu'elle pourra puiser de ce côté, le cas échéant.

Dans le second chapitre, nous indiquerons les moyens que nous proposons pour arriver à une alimentation régulière, abondante, économique. Ils nous semblent devoir suffire largement à une ville qui manque encore d'industrie et qui est traversée par deux grandes rivières.

Nous consacrerons un troisième chapitre à résumer les dépenses qu'il conviendrait de faire pour obtenir un succès complet, nous comparerons les moyens d'alimentation proposés, et nous concluerons.

CHAPITRE Ier.

❦

Sources naturelles aux abords de la Ville. — Leur importance. — Leur élévation. — Leur distance. — Ressources qu'on peut en tirer. — Bassin de la Nive. — Bassin de Ritzague. — Haraoutz.

La Ville de Bayonne est assise, dans sa partie basse, entre l'Adour et la Nive, et un peu sur la rive gauche de la Nive, entre la cote 1ᵐ,80 (1) (qui est la cote de la grille centrale de la place d'Armes) et la cote 4ᵐ (qui est celle du sommet du pont Mayou) ;

Dans sa partie haute entre la cote 4ᵐ et la cote 13ᵐ qui est la cote de la rue d'Espagne.

Le réservoir du rempart Saint-Léon (porte d'Espagne) tient sa partie supérieure à la cote 16ᵐ qui est également la cote du Rempart (seuil des maisons).

Il résulte bien clairement de cette disposition particulière de la Ville que toutes les sources qui devront alimenter le bas Bayonne n'auront besoin de jaillir qu'à un niveau variable entre la cote 1ᵐ,80 et la cote 4ᵐ.

Les sources qui alimenteront le haut Bayonne devront être au contraire à une cote supérieure à la cote 16ᵐ.

Nous parlerons plus loin du quartier Saint-Esprit qui possède une distribution abondante, mais imparfaite, qu'il s'agit seulement de régulariser.

Les sources basses, qui peuvent alimenter les bor-

---

(1) Ces cotes indiquent les hauteurs absolues au-dessus du niveau moyen de la mer à Bayonne.

nes-fontaines du bas Bayonne, sont toutes situées sur les rives de la Nive, au pied des coteaux qui la bordent. (1)

Ces sources sont d'abord :

Débit par minute.

au minimum en temps ord.

Les sources des tanneries Petit......	140 litres, 140 litres, à la cote	{ 3.72 { 4.05	
Belle-Fontaine, à M. Détroyat	31 — 33 —	— 8.06	
La Chiste, à M. Weidmann	62 — 104 —	— 17.69	
	233 lit. 277 lit.		

Toutes eaux excellentes.

Ces sources présentent un volume *minimum* de 233 litres d'eau à la minute, ou 18 litres par jour et par habitant (en supposant la population de Bayonne de 19,000 habitants), soit 15 litres en défalquant la source de M. Détroyat qui, située sur la rive droite de la Nive, ne pourrait qu'arriver seule et directement à Bayonne.

Ces eaux pourraient alimenter, au moins, 17 bornes-fontaines sur les 32 bouches d'eau qui existent dans Bayonne (y compris les concessions de l'Hôpital civil et de l'Hôpital militaire), et ces bornes-fontaines pourraient couler d'une manière continue et plus

---

(1) Nous ne parlons pas de la source du quartier Saint-Esprit ni des sources basses qui l'avoisinent. Pour que ces sources parvinssent à Bayonne, il faudrait qu'elles pussent traverser le pont de l'Adour dont la partie supérieure est à la cote $8^m,12$; or le bassin d'origine de la source Saint-Esprit n'est qu'à la cote $6^m,30$.

abondamment qu'elles ne le font aujourd'hui lorsqu'on fait agir le repoussoir.

La dépense à faire pour amener ce résultat consisterait :

1° A établir, des sources *Petit* à Bayonne, une conduite de 0^m,108 de diamètre en tôle et bitume.

Cette conduite pourrait suivre le chemin de halage de la Nive ; elle aurait 2,300^m de longueur ; à 6^f 50^c le mètre courant, tout posé, cela fait...   14,950^r » ^c

2° De *La Chiste* aux sources *Petit*, il suffirait d'une conduite de 0^m,068 de diamètre.

Longueur 2,800^m, à 4^f 50 le mètre....   12,600 »

3° Pour aménagement des sources *Petit* et *La Chiste*, réservoirs aux prises d'eau, bouches d'eau à la disposition des propriétaires actuels, au maximum.....   10,700 »

4° Indemnités aux propriétaires des sources et suppression de l'industrie de la tannerie *Petit*...................   20,000 »

5° Raccordement avec la distribution d'eau existante et robinets d'arrêt pour permettre l'alimentation par les eaux des réservoirs de la porte d'Espagne, et somme à valoir pour cas imprévus........   7,450 »

TOTAL DE LA DÉPENSE....   65,000 »

Si les sources basses sont la propriété d'industriels qu'il serait onéreux de déposséder (mieux vaut cependant plus tôt que plus tard), il n'en est pas de même pour les sources qui peuvent desservir la partie haute de la ville.

Elles jaillissent dans des terrains incultes et de peu de valeur, tout le long des versants du ravin de

Ritzague, dont les eaux viennent traverser la route Impériale n° 10, sous le pont de Donzacq.

Elles se divisent en deux séries :

La série des sources de la rive droite du ruisseau comprend :

Débit à la minute.

	minimum	ordinaire	COTE.
1° La source du *Boudigau* (M Molinié)..............	9 litres,	18 litres,	28^m »»
2° — des *Très Bounets*.	32 —	57 —	21 »»
3° — *Hondrix*........	12 —	25 —	27 81
	53 lit.	100 lit.	

La série des sources de la rive gauche comprend :

Débit à la minute.

	minimum	ordinaire	COTE.
1° La source *Bordenave*.........	6 litres,	10 litres,	23^m »»
2° — *Lesterlocq*.	4 —	12 —	23 »»
3° — *Lannes* (Nord).) ...	35 —	00 —	39 »»
4° — *Lannes* (Sud)..) (1) ...	4 —	40 —	57 »»
5° — *Jirouette*..	8 —	18 —	24 »»
6° — *Pitoys*...........	65 —	100 —	36 12
	122 lit.	240 lit.	

Les travaux à faire pour amener ces sources au réservoir de la porte d'Espagne consisteraient :

1° En une conduite maîtresse partant du moulin de Ritzague et suivant le pied des coteaux du Séminaire, pour gagner la route Impériale n° 10.

---

(1) Ces deux sources ne donnent pas ce qu'elles devraient donner ; au sortir du roc elles se perdent dans des marais très étendus.

Cette conduite aurait 0^m,135 de diamètre pour permettre le débit des eaux maximum.

Elle aurait 1,900^m de longueur, à 9^f le mètre courant... 17,100^f » ^{c}

2° En conduites secondaires de 0^m,068 de diamètre présentant une longueur totale de 6,000^m, à 4^f 50^c le mètre........ 27,000 »

SAVOIR :

Pour *Pitoys* et *Hondrix*..	3200^m
Très Bounets...........	500
Lannes et *Jirouette*......	1000
Boudigau (Molinié)......	500
Bordenave et *Lesterlocq*..	800
	6000^m

3° Pour aménagement des sources, réservoirs aux prises d'eau, tentatives de relever les sources *Bordenave* et *Lesterlocq*, afin d'amener les eaux, par Marracq, à la route départementale n° 19, au lieu de gagner la route Impériale n° 10, au maximum......................... 20,000 »

4° Indemnité aux propriétaires des sources........................... 15,000 »

5° Somme à valoir pour les cas imprévus, dépenses aux abords de la place..... 10,900 »

TOTAL DE LA DÉPENSE..... 90,000^f » ^{c}

A ce compte on amènerait, au minimum, 13 litres 50 d'eau par jour et par habitant, et 26 litres en moyenne ordinaire.

Toutes ces sources donnent des eaux de premier choix ; on peut les qualifier d'eaux de roche, car elles sortent des terrains primitifs qui forment les coteaux boisés qui recèlent les mélaphyres d'Anglet.

Nous ne mettons pas en doute qu'un captage étudié ne double la production des sources *Lannes*, *Bordenave* et *Lesterlocq*.

Les sources que nous avons indiquées ne sont pas les seules que nous avons examinées : nous avons voulu que notre étude embrassât toutes les sources connues aux environs de Bayonne et dont on pouvait avoir la libre disposition.

Notre attention a été appelée sur une source dite de *Haraoutz* (sise sur le territoire de Biarritz), par le rapport remarquable fait en 1839 par l'honorable M. Lafont, sur le projet d'établissement de la pompe à feu. *Cette source*, dit le rapport, *ne donne que 126 litres par minute, et M. Abadie n'évalue pas à moins de 600,000 fr. les dépenses qu'il faudrait faire seulement pour la conduire à Bayonne.*

Nous avons visité la source de *Haraoutz*, et nous avons découvert aux environs deux autres sources, dites *Lavenir* et *Matheou*, qui, ajoutées à la première, donnent un minimum d'eau excellente de 230 litres par minute (jaugeage du 28 Novembre 1858, quand toutes les sources avoisinantes étaient au plus bas).

Haraoutz donne	120 litres par minute, à la cote				48^m
Matheou —	46	—	—	—	37
Lavenir —	64	—	—	—	37

230 litres.

Des nivellements que nous avons fait faire, nous ont démontré que la source *Haraoutz* pouvait franchir le coteau de Belair à l'aide d'une tranchée de peu d'importance (2 ou 3^m tout au plus). (1)

____

(1) Si le chemin de fer de Bayonne à Irun s'exécutait par Biarritz, la tranchée de Belair, à la cote 35^m, permettrait facilement le passage des conduites, mais cette hypothèse n'est nullement nécessaire pour la réalisation du projet.

La conduite qui l'aurait amenée au delà du coteau, viendrait rejoindre, au bourg d'Anglet, la conduite qui amènerait les sources de *Lavenir* et de *Matheou*.

De là, elles s'achemineraient, réunies, le long de la route Impériale n° 10, pour rejoindre à Sangroniz, ou à la bifurcation de la route de Cambo, la conduite venant de Ritzague.

Les dépenses à faire, pour amener ces trois sources volumineuses à Bayonne, consisteraient :

1° Dans l'établissement d'une conduite de 0ᵐ,135 de *Haraoutz* au delà du coteau de Belair.

Longueur 1,900ᵐ, à 9 fr. le mètre courant posé... 17,100ᶠ » ᶜ

2° Dans l'établissement d'une conduite de 0ᵐ,108 de ce point à Bayonne (origine de la route de Cambo).

Longueur 4,300ᵐ, à 6ᶠ 50ᶜ le mètre courant.. 27,950 »

3° Dans l'établissement d'une conduite de 0ᵐ,068, de *Lavenir* et *Matheou* à Anglet.

Longueur 700ᵐ, à 4ᶠ 50ᶜ.................. 3,150 »

4° Dans l'aménagement des sources, réservoirs aux prises d'eau, etc., évalués. 10,000 »

5° Dans l'indemnité aux propriétaires des sources, et somme à valoir pour cas imprévus....................................... 15,800 »

Total de la Dépense...... 74,000ᶠ » ᶜ

On aurait à ce compte, au minimum, en eau excellente, 17 litres d'eau par jour et par habitant.

Il est à peu près certain qu'on augmenterait notablement le volume des sources en exécutant les travaux d'aménagement prévus dans la dépense.

Nous ne nous sommes pas occupé d'une autre source de la rive droite de la Nive, la source *Glain* (cote 7ᵐ,18), parce que son volume (8 à 10 litres par minute) est trop peu considérable pour motiver l'établissement d'une conduite spéciale ; l'escarpement qui forme entre *Glain* et *Belle-Fontaine* (Jacquemin) la berge de la rive droite de la Nive, s'oppose à ce que ces deux sources puissent être économiquement réunies.

En nous résumant :

Nous voyons que le bas Bayonne pourrait avoir à sa disposition une quantité d'eau équivalant à 15 litres par jour et par habitant (le rapport étant pris à l'égard des 19,000 habitants de la rive gauche de l'Adour), moyennant la dépense de. . . . . . 65,000ᶠ » ᶜ

Le haut Bayonne amènerait pour son alimentation une quantité d'eau de 13 litres 50 avec une dépense de. . . . . 90,000 »

ce seraient les sources du ravin de *Ritzague*.

Il amènerait les sources de *Haraoutz*, de *Lavenir* et de *Matheou*, soit 17 litres d'eau par jour et par habitant, moyennant une dépense de. . . . . 74,000 »

Enfin, si la Ville acceptait toutes les charges d'une alimentation complète et s'élevant à 45 litres d'eau de source par jour et par habitant, la dépense totale serait de. . . . . 229,000ᶠ » ᶜ

Nous n'avons rien dit dans tout ce qui précède du quartier de Saint-Esprit.

C'est que ce quartier, peuplé de 7,000 habitants, a son alimentation spéciale.

Une source d'eau excellente donnant, lors d'un jaugeage de Février 1858, 114 litres à la minute, et au minimum 100 litres, soit 22 litres par jour et par habitant, sort du coteau de la Citadelle.

Or l'agglomération proprement dite de St-Esprit, à hauteur des sources, ne comprend pas la moitié de la population ; c'est donc, en réalité, plus de 44 litres d'eau par jour et par habitant mis à la disposition d'une population établie sur les rives d'un fleuve ; elle est suffisante à la condition d'une distribution plus équitable dans tout le quartier bas, à l'aide de conduites et de bornes-fontaines comme sur la rive gauche de l'Adour.

Nous n'avons pas besoin de répéter que, dans Bayonne proprement dit, nous n'apportons aucune perturbation dans la distribution intérieure.

Nous utilisons le réservoir du rempart Saint-Léon (porte d'Espagne).

Nous nous servons de toutes les conduites en nous contentant d'intercaler certains robinets d'arrêt qui nous permettent de séparer les eaux des sources basses des eaux de sources hautes.

Nous supprimons la machine élévatoire, estimée valoir à l'adjudication une somme de....... 15,000ᶠ (y compris le bâtiment), pour l'installation d'une fabrique de chocolat, d'une brasserie ou de toute industrie qui n'a besoin que d'une force motrice médiocre.

Nous donnons enfin, comme on peut le déduire de tous les chiffres cités plus haut, pour une dépense inférieure à.. 65,000ᶜ un volume d'eau équivalant à celui que donne la pompe aujourd'hui.

Il en résulte une économie réelle de plus de 69,500ᶠ (1) sur l'état de choses existant aujourd'hui.

En appliquant cette économie, bien nettement réglée, à la satisfaction de besoins nouveaux, la Municipalité aura bien mérité des habitants.

Les propositions que nous pourrions formuler sur les bases indiquées dans les pages qui précèdent seraient donc assurément très-acceptables ; le hasard nous a mis sur la voie d'un projet peut-être plus audacieux, mais tout aussi positif et tout aussi fécond.

Ce sera le sujet du chapitre qui suit.

----

(1) Cette somme de 69,500ᶠ est la différence entre les 65,500ᶠ indiqués plus haut et le capital d'entretien annuel de la machine élévatoire... ....'..... 119,500ᶠ
augmenté de la valeur réalisable de la dite machine: 15,000
                                                        ____
                                                        134,500ᶠ

CHAPITRE 2.

Sources à découvrir à Saint-Esprit et à Marracq. — Engagement de M. Gautherot, hydroscope. — Dépenses à faire. — Résultats.

Nous n'étions allé chercher les eaux de sources à *La Chiste*, à *Lannes*, à *Pitoys*, à *Haraoutz*, etc., que parce que nous ne pouvions en trouver dans des situations plus convenables aux abords de Bayonne.

Un hydroscope célèbre, M. Gautherot, de Nancy, après avoir reconnu les environs de Bayonne, est venu nous proposer de fournir à la Ville, suivant le projet de traité annexé au présent Rapport, un minimum de 250 litres d'eau par minute à l'époque la plus sèche de l'année, moitié sur le versant de St-Esprit, mais à une hauteur suffisante pour traverser le pont de l'Adour qui est à la cote 8^m, et moitié sur les hauteurs de Marracq, à une hauteur suffisante pour alimenter le réservoir de la porte d'Espagne.

Nous ne discuterons pas les procédés d'après lesquels M. Gautherot a pu se rendre compte de la présence de nappes d'eau assez abondantes aux abords de la Ville pour fournir la quantité d'eau qu'il nous promet. Son esprit essentiellement pratique et exercé lui a permis de reconnaître la présence de filets d'eau souterrains dans un sol dont il a dû observer la nature et la structure pendant plusieurs jours.

Le libellé même des propositions faites à la Ville par M. Gautherot met l'Administration Municipale à l'abri de toute fausse manœuvre. Si M. Gautherot ne livre pas à la Ville le minimum stipulé et nécessaire pour que les dépenses de découverte et de conduite ne soient pas hors de proportion avec les volumes d'eau à amener, la Ville ne lui doit rien, pas même la valeur des dommages causés aux propriétés sur lesquelles il aura opéré.

Si, au contraire, M. Gautherot découvre les minimums indiqués, il assure, par ce seul fait, à la population de Bayonne proprement dite, au minimum, 19 litres d'eau par jour et par habitant, quand la pompe à feu ne lui en donne que 12,50.

Les dépenses à faire sont les suivantes :

1º Indemnité à M. Gautherot pour tous les travaux de découverte, etc., d'après le traité.   25,200^f » ^{c}

2º Conduite des eaux de Marracq au réservoir Saint-Léon.

Maximum de longueur 2,000^m, tuyaux de 0^m,108, à 6^f 50^c..................   13,000 »

3º Conduite des eaux de Saint-Esprit à Bayonne.

Maximum de longueur 2,500^m, tuyaux de 0^m,108, à 6^f 50^c..................   16,250 »

4º Réservoir à Saint-Esprit pour les sources qui y seraient découvertes....   10,000 »

5º Aménagement des sources jaillissantes, prises d'eau, indemnités pour dommages, maçonneries s'il y a lieu, et cas imprévus........................   17,550 »

                            TOTAL.........   82,000 »

En ajoutant à cette somme...........   5,000 »

pour l'établissement de 8 bornes-fontaines à Saint-Esprit, on aurait créé la distribution de ce quartier qui coûterait

                       A REPORTER....   87,000^f » ^{c}

	REPORT., ...	87,000ᶠ »ᶜ

au minimum 15,000ᶠ si on la faisait iso-
lément.

Nous arrivons, pour parfaire la distribution de Bayonne proprement dit,
et du quartier Saint-Esprit, au total
général de............................... 87,000 »
pour jouir de 19 litres d'eau par habitant au minimum, au lieu de 12 litres
50 pour lesquels on consomme l'inté-
rêt à 5 % de.............................. 119,500 »

Le bénéfice réalisé serait donc de.... 32,500 »
auquel il faut ajouter.... ....,......... 15,000 »
comme prix de vente de l'établisse-
ment actuel et..... ....,........ 10,000 »
d'économie sur l'installation de la distribution d'eau de Saint-Esprit.

TOTAL........... 57,500ᶠ »ᶜ

Soit la moitié du capital immobilisé dans l'entretien
annuel de l'Usine proprement dite.

Les propositions de M. Gautherot sont donc essentiellement avantageuses.

Nous n'acceptons pas l'objection qu'on nous fera,
sans doute, sur ce que, la limite extrême de la production n'existant pas, la Ville est exposée à payer à
M. Gautherot une somme plus forte et hors de proportion avec l'utilité qu'elle pourra retirer des eaux
découvertes.

Les eaux de sources dans les conditions de celles
qu'offre M. Gautherot ont, en effet, une grande valeur
pour les jardins, les concessions particulières, etc.,
etc. Quel est le propriétaire qui ne paierait pas 70 fr.

(prix moyen de l'indemnité) pour trouver chez lui, chaque jour, 1,000 litres d'eau pure et fraîche.

La Ville n'aura jamais trop d'eau dans ses rues, elle saurait utiliser un fleuve; on peut donc autoriser M. Gautherot à descendre dans les profondeurs de la terre. S'il en retire de l'eau excellente, comme l'exige son traité, la Ville devra se déclarer heureuse de la lui payer à aussi bas prix.

Enfin la Ville conserve, pour des besoins nouveaux et imprévus, les sources décrites dans le Chapitre 1er.

Cet avantage doit être pris en très-grande considération; il en coûtera certainement beaucoup plus d'amener ces eaux de sources à Bayonne, que de les prendre où M. Gautherot nous livrera celles qu'il nous promet; mais la Ville au moins ne sera pas arrêtée par une impossibilité dans la voie des améliorations locales que des besoins nouveaux à satisfaire indiqueront peut-être un jour.

En présence des résultats à obtenir et des avantages à réaliser par le seul fait de l'acceptation des propositions de M. Gautherot, nous espérons que l'Administration Municipale de la ville de Bayonne sera d'avis d'autoriser immédiatement les travaux de découverte.

Nous allons décrire dans le Chapitre qui va suivre la marche des travaux à faire, les dépenses à couvrir, les délais après lesquels les résultats désirés seront obtenus.

CHAPITRE 3.

Ordre d'exécution des travaux. — Résultats à désirer. — Dépenses à faire dans le cas d'une réussite complète des travaux de M. Gautherot. — Dépenses à faire pour obtenir le même résultat dans le cas d'une réussite incomplète.

Nous avons établi, dans le Chapitre qui précède, que la Ville de Bayonne avait tout avantage à accepter les propositions formulées par M. Gautherot.

Les recherches de cet hydroscope devront donc être le point de départ des travaux à faire.

Dès que la Ville le permettra les travaux souterrains seront entrepris et poussés avec activité, de manière à être terminés dans un délai de six mois environ.

Les jaugeages d'essai commenceront alors ; si M. Gautherot ne livre à la Ville que le minimum stipulé, soit 19 litres d'eau par jour et par habitant, ou un volume un peu supérieur, la Ville décidera si ce volume lui suffit ou s'il convient d'amener en Ville les sources de *Haraoutz*, *Lavenir* et *Matheou*.

Si M. Gautherot dépasse le volume minimum indiqué par le projet de traité, et dans des proportions qui permettent à l'alimentation hydraulique de Bayonne de rivaliser avec celles d'une quelconque des villes citées dans l'exposé de notre rapport, la Ville renoncera à toute idée d'amener des eaux lointaines.

Les dépenses à faire dans l'hypothèse d'une alimentation de 70 litres par jour et par habitant, comparable à l'alimentation de Paris, la moins complète de toutes, se répartiraient ainsi :

1° Indemnité à M. Gautherot pour la découverte de 1,330ᵐ d'eau par jour.

720^m, à 70^f en moyenne..............   50,400^f » ^{c}
610   à 25   —   ....   15,250 »

2e Conduite des eaux de Marracq au réservoir de la porte d'Espagne.

Maximum de longueur 2,000^m, tuyaux de 0^m,18, à 12^f 50^c le m/posé............   25,000 »

3° Conduite des eaux de Saint-Esprit à Bayonne.

Maximum de longueur 2,500^m, tuyaux de 0^m,18, à 12^f 50^c le m/posé.....   31,250 »

4° Réservoirs à Saint-Esprit pour les sources qui y seraient découvertes......   20,000 »

5° Aménagement des sources jaillissantes, prises d'eau, indemnités pour dommages, maçonneries, s'il y a lieu, et cas imprévus.......................   24,100 »

TOTAL...........   165,000^f » ^{c}

On pourrait alors adopter le système des concessions d'eau pour les maisons particulières, à raison de 50 fr. de redevance annuelle pour 1,000 litres d'eau fournis par jour ; la Ville couvrirait bien vite, à l'aide de ces redevances, l'annuité d'amortissement de l'excédant de dépenses qu'elle aurait été obligée de faire.

Nous rappellerons ici ce que nous avons établi précédemment, que la Ville paie chaque année, pour 12 litres 50 d'eau médiocre, les intérêts à 5 pour 100 de.............................   119,500^f » ^{c}
et qu'elle pourrait vendre l'Usine........   15,000 »

TOTAL...........   134,500^f » ^{c}

Nous pouvons énoncer parallèlement les dépenses à faire pour obtenir ce résultat, d'une alimentation de 70 litres par jour et par habitant, à l'aide des ressources naturelles que possède la Ville et que nous avons détaillées dans le Chapitre 1er, en y comprenant les produits d'une réussite incomplète des travaux de M. Gautherot.

Les sources basses décrites au Chapitre 1er donnent à la minute, en défalquant *Belle-Fontaine*. 200 litres.

Les sources hautes....... $\left\{ \begin{array}{c} 53 \\ 125 \end{array} \right\}$ 178

Haraoulz, Lavenir, Malheou............ 230
Minimum de M. Gautherot................ 250
____
858 litres.

chiffre un peu inférieur à celui nécessaire pour donner 70 litres d'eau par habitant et par jour, qui est de 924 litres à la minute.

Les dépenses à faire sont le résultat de l'addition des dépenses partielles décrites au Chapitre 1er et au Chapitre 2e.

Soit pour la conduite des sources basses. 65,000ᶠ »ᶜ
   —   —   des sources hautes. 90,000 »
   —   —   de *Haraoulz*....... 74,000 »
et du minimum de M. Gautherot.......... 87,000 »
____
Total....... 315,000ᶠ »ᶜ
au lieu de.................................. 165,000 »

Ces chiffres parlent plus haut que tout ce que nous pourrions dire.

Nous demandons comme conséquence nécessaire de notre rapport :

Que la Ville de Bayonne veuille bien adopter les propositions de M. Gautherot ci-annexées ;

Qu'elle l'invite à désigner les propriétés sur lesquelles il voudra opérer afin qu'on remplisse immédiatement les formalités légales d'occupation ;

Qu'elle l'engage enfin à prendre ses dispositions pour terminer ses travaux dans le délai de six mois, à dater du jour où il aura pu les commencer.

Bayonne, le 25 Janvier 1859.

L'Ingénieur des Ponts et Chaussées,

Ch. BOURA.

NOTE COMPLÉMENTAIRE.

Nous ne voulions doter Bayonne que d'eaux de sources vives ; le rapport de M. le Préfet du département de la Seine au conseil municipal de Paris, et le rapport publié dans les *Annales des Ponts et Chaussées*, par M. Rozat de Mandres, Ingénieur des ponts et chaussées, sur les eaux de Rome ancienne, nous ont éclairé sur l'opportunité qu'il pourrait y avoir d'amener en ville, pour la salubrité publique seulement, des eaux sujettes à se troubler en temps de pluie.

On peut, dans ce cas, doter Bayonne d'eaux courantes plus abondantes que celles qui desserviront Paris, si les projets préparés s'exécutent.

Il suffirait de prendre les eaux du lac de *Brindos* à la hauteur du moulin de ce nom.

Le lac est à la cote 33^m ; par l'établissement d'un barrage, on peut relever le plan d'eau de 2^m,00.

La distance à parcourir pour entrer dans Bayonne est de 5,000^m.

Si l'on veut arriver à Bayonne à la cote 21^m, qui est la cote des Glacis et de l'embranchement des routes de Biarritz et de Cambo, on peut adopter, comme dimension de la conduite forcée, un diamètre de 0^m,35.

Ce diamètre correspond pour les pertes de charge qui résultent des différences de niveau (0^m,0025 par mètre) à un débit par seconde supérieur à........ ....   70 litres.

Soit par minute de...........   4,200   —.

Et, par jour, de   6,408,000   —

Soit 235 litres par habitant et par jour pour une population de 26,000 habitants.

La dépense d'installation de la conduite qui donnerait ce résultat peut s'évaluer à........ 200,000^f

Dont, pour 5,000^m de conduite de 0^m,35, à 35 fr. tout posé .... 175,000^f

Et pour réservoirs, regards et indemnités 25,000

200,000^f

Il faudrait ajouter à cette somme la dépense d'une distribution en ville qui coûterait environ...................... 75,000^f

TOTAL .... 275,000^f

Il est vrai que la distribution actuelle ne devant plus débiter que des eaux de sources potables, on pourrait se borner à amener en Ville les sources de *Haraoutz, Lavenir* et *Matheou*, dont la dépense a été évaluée dans le mémoire qui précède à la somme de........................... 74,000^f

On aurait ainsi une double distribution en ville et un volume d'eau beaucoup plus considérable que celui qu'on se propose d'amener à Paris.

Les eaux, arrivant à la hauteur du manége de Marracq, pourraient être versées à flots sur tout le magnifique plateau qui s'étend du ravin de Ritzague à la Nive.

En admettant la réussite partielle des travaux de M. Gautherot, dont il est parlé au Chapitre 2e, on se dispenserait d'amener les eaux de *Haraoutz*, et l'on jetterait dans la distribution actuelle les 19 litres d'eau par habitant et par jour qu'on aurait alors à sa disposition.

La dépense est évaluée, y compris l'établissement de la distribution d'eau dans Saint-Esprit estimée.. 15,000ᶠ
à.. 87,000ᶠ

L'acceptation de l'engagement de M. Gautherot est donc encore avantageuse dans cette hypothèse, et nous en arrivons toujours à conclure que c'est par là qu'il faut engager la question.

Les eaux souterraines une fois découvertes, la Ville décidera si elle veut s'inonder de sources pures ou si elle préfère amener sur ses hauteurs les eaux du lac de *Brindos*.

———

Pièce Justificative n° 1.

———

PROPOSITIONS FAITES PAR M. GAUTHEROT, *hydroscope, à l'effet de fournir à la ville de Bayonne des eaux de sources : 1° sur la rive droite de l'Adour, aux abords du quartier Saint-Esprit ; 2° sur la rive gauche de la Nive, aux environs de Marracq.*

ARTICLE PREMIER. — M. Gautherot propose à la Ville de Bayonne d'exécuter à forfait tous les travaux nécessaires pour faire jaillir des sources d'eaux vives et pures :

1° Aux abords du quartier Saint-Esprit, à une distance qui n'excèdera pas 2,000 mètres de la porte de France ;

2° Aux abords de Marracq, à une distance qui n'excèdera pas 2,000 mètres de la porte d'Espagne ;

Aux conditions suivantes :

Art. 2. — Le volume des eaux sera tout à fait indépendant des sources aujourd'hui apparentes et connues.

A cet effet, les dites sources, notamment celle de *Saint-Esprit* et celle de *Tosse*, seront jaugées préalablement aux travaux, et procès-verbal sera dressé des quantités d'eau obtenues, afin qu'il en soit tenu compte lors du jaugeage des sources à découvrir.

Art. 3. — La Ville mettra à la disposition de M. Gautherot tous les terrains sur lesquels ce dernier aura à faire ses recherches souterraines ; elle désintéressera les propriétaires et paiera tous les dommages causés.

En cas de non réussite les dits dommages resteraient à la charge de M. Gautherot.

Art. 4. — Les travaux de M. Gautherot consisteront en galeries souterraines, et la superficie du sol ne sera entamée qu'à l'origine de la galerie et à son extrémité où sera établi un puits d'aérage.

M. Gautherot fera couler toutes les eaux par une galerie d'écoulement de $1^m,60$ de hauteur et de $1^m,30$ de largeur, blindée solidement.

Si la Ville juge à propos d'établir des ouvrages en maçonnerie pour recevoir les eaux avant de les diriger dans les conduites, ces travaux complémentaires rentreront dans les dépenses de la conduite d'eau dont M. Gautherot n'a pas à s'occuper.

Art. 5. — M. Gautherot s'engage à fournir, au minimum du débit de ses sources, jaugées au mois d'Octobre, après 10 jours consécutifs de sécheresse, et au plus tard le 31 Octobre, 125 litres par minute, ou $7^m,500$ par heure, ou 180^m par jour, du côté de Saint-Esprit, à une hauteur suffisante pour traverser le pont de l'Adour avec des tuyaux de 0ᵐ,108 de diamètre ; 125 litres par minute, ou 7ᵐ,500 par heure, ou 180ᵐ par jour, du côté de Marracq, à une hauteur suffisante pour remplir le bassin-réservoir de la porte d'Espagne, dans des conduites de 0ᵐ,108 de diamètre ; 2ᵐ par heure jailliront, sur ces 7ᵐ,500, au moins à 1ᵐ,00 en contre-haut du seüil du Manége de cavalerie.

Art. 6. — M Gautherot recevra par chaque mètre cube d'eau d'écoulement journalier découvert sur la rive droite de l'Adour, 60 fr., et par mètre cube découvert sur la rive gauche de la Nive, 80 fr., sous les réserves ci-après :

Si les sources ne fournissent pas les débits spécifiés à l'art. 5, M. Gautherot abandonne à la Ville tous les travaux faits sans réclamer d'indemnité. Si, au contraire, les débits des sources sont supérieurs, l'excédant sera payé à M. Gautherot à raison de 60 fr. par chaque mètre cube, jusqu'à concurrence de 360ᵐ par jour, et 20 fr. par chaque mètre cube de l'excédant de ce volume, quel qu'il soit, provenant des sources de la rive droite de l'Adour, et à raison de

80 Fr. par chaque mètre cube jusqu'à concurrence de 360ᵐ par jour, et 30 fr. par chaque mètre cube de l'excédant de ce volume, quel qu'il soit, provenant des sources des environs de Marracq.

Il est bien entendu, du reste, que les galeries d'écoulement ne seront pas au nombre de plus de trois sur chaque rive.

Art. 7. — Le jaugeage du débit moyen, donnant lieu au paiement d'un excédant, sera le résultat de jaugeages faits le 15 Janvier, le 15 Avril, le 15 Juillet, le 15 Octobre de l'année qui suivra l'exécution des travaux.

Art. 8. — M. Gautherot recevra le paiement du débit minimum, stipulé à l'art. 5 , dès que ce débit aura pu être constaté comme il est stipulé au dit article, et dès que les eaux auront été reconnues comme équivalentes, pour la qualité, aux eaux de sources qui avoisinent les travaux.

Art. 9. — L'excédant ne sera payé qu'après que les expériences, indiquées à l'art. 7, auront été faites, et que la qualité des eaux aura été de même examinée.

Art. 10. — La réception des travaux exécutés par M. Gautherot aura lieu sur sa réquisition : un procès-verbal en sera dressé.

A dater de cette époque, la Ville devra à M. Gautherot les intérêts à 5 % du montant de son forfait, tel que le compte en sera réglé dès que les constatations stipulées aux art. 5 et 7 auront pu être faites.

Proposé par le soussigné :

Bayonne, le 15 Janvier 1859.

GAUTHEROT.

Pièce justificative N° 2.

JAUGEAGES DES SOURCES

Exécutés par Rivière,

Fontainier de la Ville de Bayonne.

NOMS DES SOURCES.	DATES DES EXPÉRIENCES				OBSERVATIONS.
	3 MARS 1858.	24 JUIN 1858.	6 AOUT 1858.	28 Nove 1858.	
BASSIN DE LA NIVE.	Volumes débités par minute en litres.				
SOURCES réunies au Bassin St-Léon........	213	216	211	164	
PUITS DES AGOTS	140	»	»	»	En 1839, le jaugeage a donné 126 litres.
PETIT (Tannerie).	»	135	130	140	La prise d'eau de cette source a été réparée entre la 3e et la 4e expérience, c'est ce qui explique l'augmentation de volume.
LA CHISTE et deux sources voisines........	»	104	94	62	
BELLE-FONTAINE.	»	34	33	31	
BASSIN DE RITZAGUE.					
BOUDIGAU	»	18	14	9	
TRÈS BOUNETS..	»	58	41	32	
PLANTON.......	»	»	33	9	
HONDRIX.......	»	»	»	12	
BORDENAVE.....	»	4	4	6	La source *Bordenave* n'avait été jaugée qu'incomplètement avant le 28 Novembre 1858.
LESTERLOCQ....	»	8	4	4	
LANNES (Nord).	90	60	42	35	
LANNES (Sud)..	50	tarie.	tarie	4	
JIROUETTE......	»	19	12	8	
PITOYS	»	»	70	65	
HARAOUTZ	»	»	»	120	
LAVENIR	»	»	»	64	
MATHEOU.......	»	»	»	46	
SAINT-ESPRIT	114	»	»	»	

BAYONNE, imprimerie de veuve Lamaignère,
Rue Pont-Mayou, 39.